최후의 바키타

Le théorème du Vaquita
by Hugo Clément, Dominique Mermoux and Vincent Ravalec
© Fayard Graffik, Librairie Arthème Fayard, 2023
Korean Translation Copyright © 2025 by Memento Publishing Co.

Korean edition is published by arrangement with Fayard through Duran Kim Agency.

이 책의 한국어판 저작권은 듀란킴 에이전시를 통해 Fayard와 독점 계약한 메멘토에 있습니다.
저작권법에 따라 한국 내에서 보호를 받는 저작물이므로 무단전재와 복제를 금합니다.

최후의 바키타

멸종 위기 작은 돌고래가 보내는 공존의 메아리

위고 클레망 지음
도미니크 메르무, 뱅상 라발레크 그림
이세진 옮김 | 남종영 해제

메멘토

"인류에게 진정한 도덕적 시험은…
우리가 맺는 동물들과의 관계에 있다."

밀란 쿤데라

차례

Chap. 1 새로운 세계대전 9

Chap. 2 피바다 17

Chap. 3 산업화된 공포 43

Chap. 4 총성을 침묵시키기 59

Chap. 5 브윈디의 고릴라 73

Chap. 6 동물의 지능 83

Chap. 7 잡식은 육식이 아니다 99

Chap. 8 나비의 교훈 111

Chap. 9 세상의 쓰레기통 121

Chap. 10 무너져 가는 북부 전선 129

Chap. 11 토지의 황폐화 139

Chap. 12 희망을 간직하면서 151

해제 162

Chap. 1
새로운 세계대전

전쟁의 영역은 무작위로 선택되지 않습니다.

공해산업은 경제적 이유를 앞세워 환경을 보호하기 위한
규제를 철폐하려고 바쁘게 물밑작업 중입니다.
정부는 천문학적 금액을 투입해 가면서
기후변화에 책임이 있는 화석 에너지에 보조금을 지급하고 있어요.
공장은 밤낮없이 돌아가고
밀집 사육과 산업적 어획은 죽음의 논리를 좇기에 급급합니다.
각국은 온실가스 배출량 감축 목표를 재검토하고 있고요.
상황은 이처럼 암울하게만 보입니다.

그래도 희망은 있습니다.
길모퉁이에서든, 세계의 반대편에서든
하루가 다르게 새로운 전선이 펼쳐집니다.
아직 남아 있는 것을 구하기 위해,
혹은 새로운 세상의 기초를 놓기 위해
분연히 일어서기로 결심한 사람들이 곳곳에 있습니다.
지구가 앞으로도 우리 종이 살 만한 행성으로 남을 수 있을까요?
이것이 새로운 세계대전의 관건입니다.
이제 우리 함께 그 전선을 두루 돌아봅시다.

나는 우리 인간이 자연에 끼치는 해악, 우리의 탐욕적인 개발 행위를 조금씩 깨닫게 되었어요.

Chap. 2
피바다

"따라오지 말고 인간을 경계하는 편이 나아요. 머지않아 뼈저리게 깨달을 기회가 있었거든요."

페로 제도(islands)는 덴마크 자치령으로 북대서양 한복판에 위치하고 있습니다. 페로 제도의 풍경은 기가 막히지요.

이 섬 주민들은 수백 년 전부터 들쇠고래들의 신뢰를 이용하여 학살을 저지르곤 했어요.

바이킹 시대로부터 전해 내려온 이 전통에는 이름이 있습니다. 그라인다드랍(grindadrap), 말 그대로 고래 죽이기라는 뜻이에요.

선박이 들쇠고래 무리의 위치를 파악하면 선장은 사냥꾼들의 우두머리에게 바로 알려 줘요. 그러면 사냥꾼들은 행동에 나서고, 선박 여러 척이 고래 무리를 포위해서 해변 쪽으로 몰고 갑니다.

이번에는 멕시코의 산펠리페 지역을 손에 쥔 마피아를 직접 만나 보기로 했습니다.

올라(안녕하세요)!

올라!

해양 순찰이 없는 지역으로 갈 겁니다. 그 지역에 토토아바(totoaba)가 살아요.

부르르

이번에도 시 셰퍼드가 우리에게 연락을 주었어요. 새로운 방식의 어획 활동 때문에 멸종 위기에 처한 어종 중 하나가 토토아바입니다.

토토아바는 민어과 어류 중에서 가장 큰 물고기로 몸길이가 2미터에 달해요. 지구상에서 오로지 멕시코 바다에서만 삽니다.

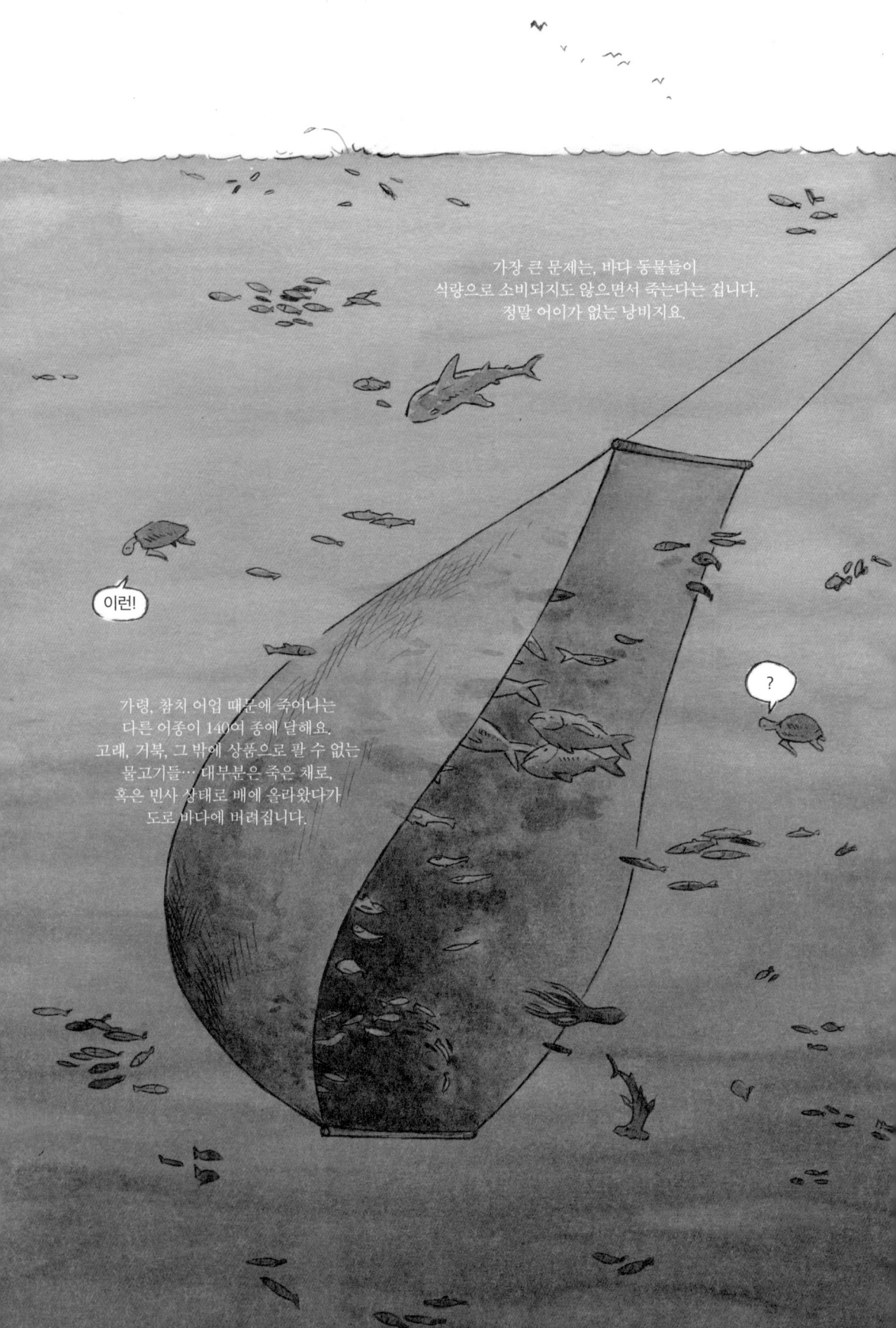

혼획 어획물(bycatch)은 다른 어종을 잡는 과정에서 어부들이 의도치 않게 획득한 어획물을 말합니다. 불법으로 설치한 것이든 합법적인 것이든 간에, 어망은 고기를 일일이 가려잡지 않지요. 어획 대상은 정해져 있지만 어떤 고기든 때와 장소를 잘못 만나면 걸려들 수 있습니다.

프랑스 가스코뉴 만에서 농어나 대구를 주로 잡는 트롤선이나 자망 어선도 돌고래 학살의 원흉이지요. 프랑스의 펠라지스 해양관측소의 보고에 따르면 매년 어망에 걸려 익사하는 돌고래가 1만 마리에 달합니다.

새우잡이 트롤선의 경우, 장소에 따라서는 혼획 어획물이 95퍼센트에 달해요. 100킬로그램 나가는 그물을 배에 올렸는데 새우는 달랑 5킬로그램밖에 안 되는 겁니다. 그러면 나머지 95킬로그램의 다른 종들은 판매가 금지되었거나 수익성이 떨어진다는 이유로 '쓰레기'처럼 바다에 버려지지요.

> 우리가 육지에서 멧돼지 몇 마리 잡겠다고 숲의 모든 동물을 죽이는 것과 다르지 않아요.

1976년에 제정된 프랑스 농업법 L214-1조는
"모든 동물은 감각 능력이 있는 존재이므로
동물의 소유주는 반드시 그 종의 생물학적 필요를
충족하는 조건을 마련해야 한다"고 명령합니다.

Chap. 3
산업화된 공포

돼지와 가금류를 사육하는 기업형 축사를 여러 곳 찾아갔어요. 늘 한밤중에 몰래 갔죠. 청소와 정리가 끝난 상태가 아니라 실상을 보고 싶었거든요.

"방역복은 필수입니다. 동물들의 생육 조건을 봤을 때 면역력이 떨어져 있을 수밖에 없어요."

프랑스 동물 보호 비영리단체 L214 활동가

"축사를 둘러보고 나올 때마다 토할 것 같았고 너무 부끄러웠습니다."

밀집 사육을 당하는 동물들은 오물 위에 그대로 쌓여 있다시피 했어요.

"꿈에 나올까 두려워!"

"프랑스에서 닭은 1제곱미터당 최대 22마리까지 키울 수 있다고 정해져 있어요. 닭 한 마리가 차지하는 면적이 종이 한 장도 안 됩니다!"

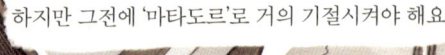

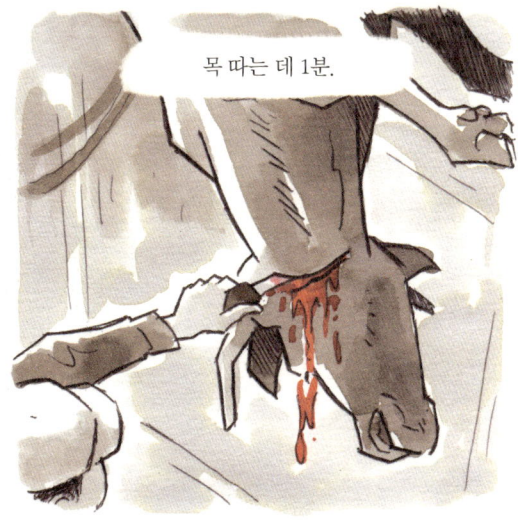

도축장에서 벗어나
내 삶을 다시 꾸리기까지
참으로 오랜 시간이 걸렸습니다.

마침내 악몽도 꾸지 않게 되었어요.

그로앵그로앵에
오는 게 좋아요.

행복하게 지내는 동물들을 보니까 좋습니다.
당연히 이렇게 살 수 있어야 하는데 말입니다.

고통은 전염되지만
행복도 마찬가지거든요.

돼지 95퍼센트

육계 83퍼센트

염소 60퍼센트

칠면조 97퍼센트

토끼 99퍼센트

산란계 약 50퍼센트

8억 5000만 마리 감금

프랑스의 사냥 인구는 약 100만 명으로
전체 인구 6700만 명의 1.5퍼센트를 차지합니다.
사냥의 인기는 점점 사그라드는 추세예요.
1975년 당시만 해도 전체 인구 5400만 명의
4퍼센트에 해당하는 220만 명이 사냥을 즐겼으니까요.
프랑스 생물다양성본부(OFB, Office français de la
biodiversité)의 집계에 따르면,
인간의 사냥 활동으로 매년 2200만 마리의 동물이
생명을 잃고 있습니다.

Chap. 4

총성을 침묵시키기

그런데 실태는 이러한 사냥 마케팅 주장과 들어맞지 않아요.

인상적인 예를 하나 들어볼까요. 사냥으로 살상되는 생명체의 80퍼센트는 조류입니다.*

사냥꾼들은 주로 꿩이나 자고새를 잡아요. 그런데 이 새들은 대부분… 사육된 겁니다!

몇 마리 더 보낼게.

* 출처: 프랑스 생물다양성본부(OFB).

부화를 시키고, 새장에서 기르고, 고작 몇 시간이나 며칠 풀어 주고서 총으로 명중시키는 겁니다.

탕!

이건 '조절'이 아니지요. 기계가 쏘아 올린 모조새 대신 살아 있는 새를 쓰는 것뿐, 그 이상도 그 이하도 아닙니다.

오케이, 내가 조절한다.

결국 우리가 특정 종의 개체 수를 불리고 야생동물들의 서식지를 짓밟아 생태계를 교란한 겁니다. 그래놓고 멧돼지가 우리의 경제활동에 피해를 준다고 뭐라고 할 수 있을까요?

내가 초대받지도 않은 남의 집에 가서 소파에 널브러져 소파 테이블에 발까지 올려놓고 텔레비전을 본다고 칩시다. 드라마 보는 중이니까 조용히 하라고 적반하장으로 그집 사람들에게 뭐라고 하면서요.

아무 일 없다는 듯이 있을 수 있겠어요?

탕! 조절 완료.

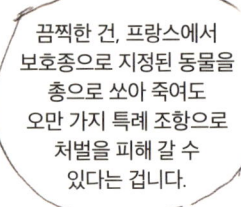

개체 수가 급감하고 있거나 멸종 위기에 놓여 있는데도 수렵이 허가된 종들도 있습니다.

*원 보이스(One Voice): 프랑스의 동물 보호 단체.

무익한 증오, 고통을 끼치고 살상을 저지르며 느끼는
즐거움, 기업형 사육 조건에 대한
모두의 무관심 앞에서 의문이 들었습니다.
동물도 우리처럼 감각 능력이 있는 생물입니다.
고생물학자 파스칼 피크도 그 점을 짚고 넘어가지요.

"인간은 생각하는 유일한 동물이 아닙니다.
하지만 자기가 동물이 아니라고 생각하는
유일한 동물이지요."

우리가 다른 생명체들에 대해서 우월감을 느끼기 때문에
그들을 착취하고 파괴해도 된다고 생각하는 겁니다.

Chap. 5
브윈디의 고릴라

고릴라는 조용히 떠났어요. 그냥 위협만 하고 물러난 겁니다.

내가 몇 초나 그러고 있었는지 모르겠습니다. 20초, 어쩌면 30초였을까요. 그 암컷 고릴라의 눈은… 사람 눈과 똑같았어요. 그 고릴라가 나에게 미소를 지어준 것 같았지요. 동물과 인간 사이의 경계가 그토록 미미하게 느껴진 적은 없었습니다.

Chap. 6
동물의 지능

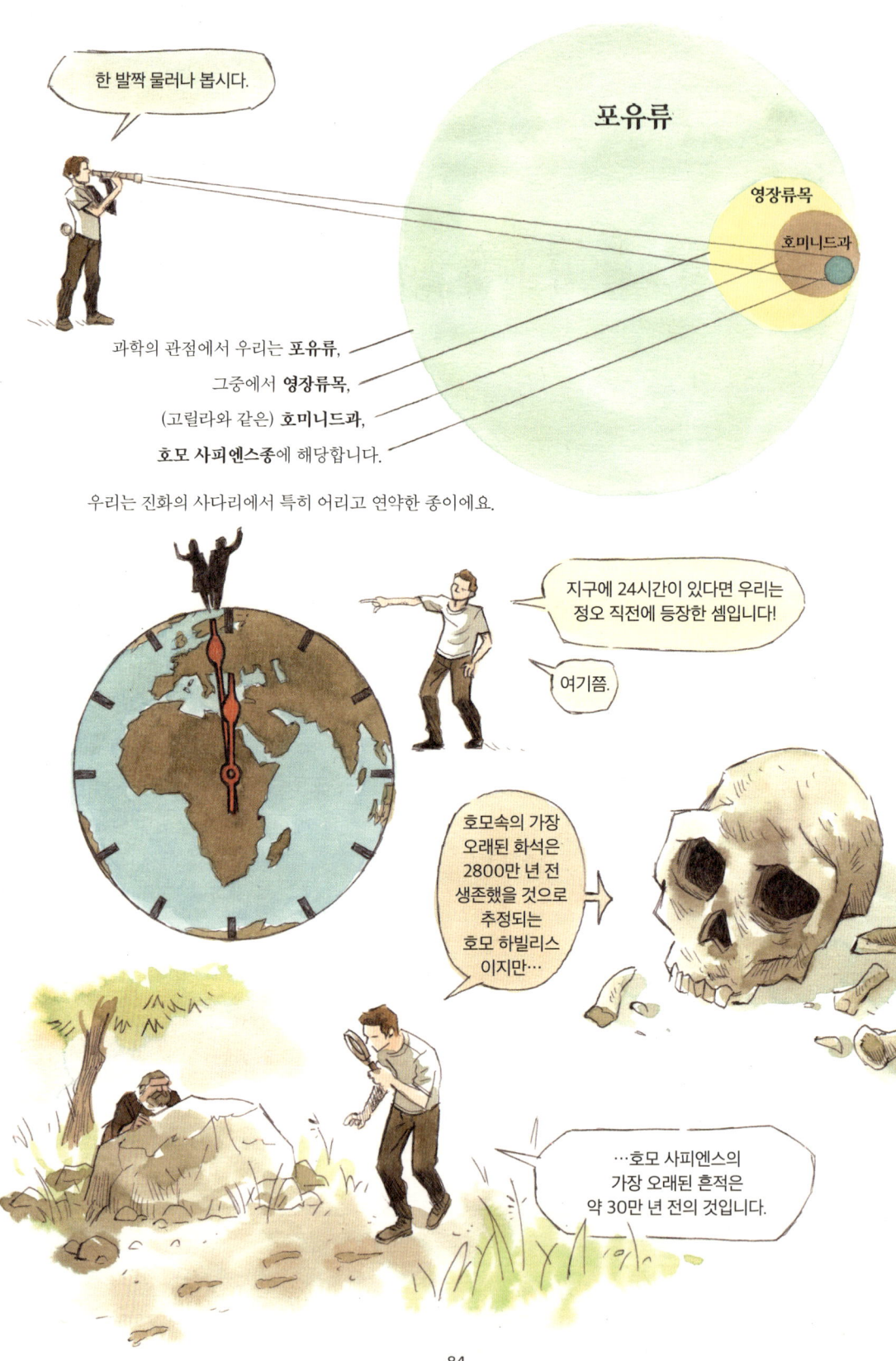

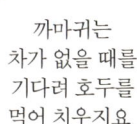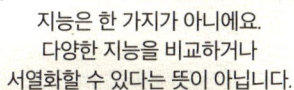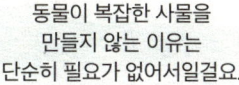

확실한 건, 우리는 언어와 협동에 힘입어, 특히 이야기를 만들어 냄으로써, 이 행성을 지배할 수 있었다는 겁니다.

우리는 일과 역할을 분배하여 우리에게 주어진 과제를 해결했어요. 사냥, 농경, 도시 건설 등등.

침팬지 같은 다른 영장류도 협동을 하지만 어디까지나 소집단 안에서나 가능한 일이고 낯선 원숭이들과는 협동하지 않습니다.

반면, 우리 호모 사피엔스는 모르는 사람들, 심지어 지구 반대편에 사는 사람들과도 동일한 신념을 바탕으로 협동할 수 있어요. 돈에 대한 신념이 그중 가장 강력한 신념이지요.

우리는 돈에 모든 가치를 부여하지만 사실 돈에는 실체가 없어요. 돈은 우리가 '주화'라고 부르는 금속붙이, 혹은 '화폐'라고 부르는 종이 쪼가리일 뿐이지요.

단지 우리 모두 돈이 존재한다는 가정에 동의하고 돈을 신뢰하기 때문에 서로 만난 적도 없는 수백만 명이 힘을 합쳐 일할 수 있는 겁니다.

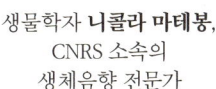

생물학자 **니콜라 마테봉**, CNRS 소속의 생체음향 전문가

우리는 인간을 더 이상 다른 동물들과 대립적으로 볼 수 없습니다. 모든 종에는 그 종의 세계를 규정하는 고유한 생물학적, 생태학적, 사회적 특성들, 나아가 문화적 특성까지도 있어요.

마테봉은 동물의 종에 따른 고유한 의사소통 방식도 언어로 봐야 한다고 주장해요.

음향 소통 체계는 제각기 다르지만 무엇 하나 흥미롭지 않은 게 없지요. 그러한 소통 체계들은 생물 다양성을 보여 줍니다.

동물들의 의사소통은 선천적입니다. 하지만 니콜라 마테봉은 한층 더 경이로운 사례를 들어 보이지요. 완벽하게 고증된 동물과 인간 사이의 소통의 예가 적어도 하나는 있거든요.

아프리카 모잠비크에는 꿀잡이새가 삽니다.

꿀잡이새는 밀랍을 굉장히 좋아해요. 문제는 꿀벌들이 이 새가 벌집에 접근하도록 내버려 두지 않는다는 겁니다.

마을 사람들은 꿀을 굉장히 좋아하지만, 꿀이 어디 있는지 몰라요.

이 새와 인간은 밀랍과 꿀을 얻기 위해 서로 협력합니다.

꿀 따는 사람들은 특수한 소리를 내어 꿀잡이새를 끌어들여요. 이 새는 다른 소리에는 반응하지 않아요. 꿀 따는 사람들은 집안 대대로 이 소리 내는 법을 배운다고 해요.

사람들은 꿀잡이새를 따라가면 벌집이 어디 있는지 알 수 있어요. 그 대신, 꿀만 따고 밀랍은 보답으로 새에게 남겨두고 가지요.

동물이 자기 자신을 지각할 수 있는지 알아보기 위해 연구자들은 그 유명한 거울 검사를 개발했어요.

간단히 말해, 동물의 머리 위에 눈에 띄는 색깔로 표시를 한 후에 거울 앞에 세워 놓고 행동 방식을 관찰하는 겁니다.

동물이 그 표시를 만진다든가 하는 식으로 반응하면 그 동물은 거울에 비친 상이 자기라는 것을 인식했다고 결론 내릴 수 있어요.

까치는 머리를 땅에 비벼서 표시를 지우려고 해요.

이 검사를 통과한 동물들은 다음과 같습니다.

침팬지   아시아코끼리   돼지

만타가오리   유라시아까치   생후 8개월 이상의 아기

하지만 이 거울 검사는 한 가지 중요한 사실을 망각하고 있어요.

시각이 아니라 후각이나 청각이 가장 지배적인 동물 종들이 얼마나 많은데요.

개는 거울 검사를 통과하지 못했지만 만약 냄새로 개체를 인식하는 검사가 있다면 너끈히 통과할걸요?

이 또한 인간 중심적인 사고가 범하는 과오일 뿐이에요.

이미 우리 조상들도 인간과 동물의 관계, 그리고 다양한 지능을 서열화하려는 집착에 대해 의문을 표한 바 있습니다.

16세기에 몽테뉴는 『에세』에 이렇게 썼어요.

> 그들과 우리의 소통을 가로막는 결함이, 어째서 그들의 결함이며 우리의 결함은 되지 않는가? 서로 말이 통하지 않는 것이 누구의 잘못인가?

> 동물이 우리 말을 알아듣지 못한다지만 우리도 동물의 말을 알아듣지 못하기는 마찬가지다.

> 따라서 우리가 동물의 지능이 낮다고 생각하는 것처럼 동물도 우리의 지능이 낮다고 생각할 수 있다.

영국의 철학자 제러미 벤담도 1789년 당시로서는 상당히 현대적인 생각을 다음과 같이 피력했습니다.

> 어쩌면 동물들이 폭군 외에는 그 누구도 빼앗을 수 없는 권리를 획득할 날이 올지도 모른다.

> 프랑스인들은 이미 피부가 검다는 것이 한 인간에게 제멋대로 고통을 가하고 방치해도 좋을 이유가 되지 않는다는 것을 발견했다.

> 마찬가지로, 언젠가 발의 개수, 피부의 털, 척추의 모양이 감각 능력을 지닌 존재에게 제멋대로 고통을 가하고 방치해도 좋을 이유가 되지 않는다고 인정할 날이 올지도 모른다.

> 관건은 이성적으로 추론을 할 수 있느냐가 아니고 말을 할 수 있느냐도 아니다. 고통을 느끼는 존재인지 아닌지가 중요한 것이다.

두 세기가 지난 후에야 이 말은 우리에게 울림을 갖게 되었습니다.

동물 학대가 제기하는 광범위한 문제점들은
윤리의 사안이자 생존의 사안이라는 것을
똑똑히 바라봅시다.
동물들을 위해서나 우리 자신을 위해서나
생명체를 바라보는 시선을
한시 바삐 바꿔야 해요.

Chap. 7
잡식은 육식이 아니다

1세기의 저자 플루타르코스도 우리에게 해를 끼치지 않는 존재에게 우리 또한 해를 끼쳐서는 안 된다면서 채식을 권했습니다. 농경에 숙달된 당대의 인간들이 선사시대처럼 생존을 위해 사냥한 동물의 고기를 먹어야 할 필요는 없다는 겁니다.

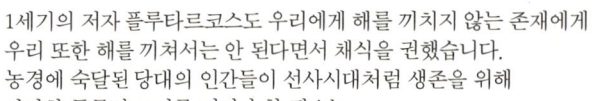

인간의 신체 구조는 어떤 잡식동물의 신체 구조와도 비슷하지 않다.

인간에게는 갈고리 같은 부리나 날카로운 발톱이나 예리한 송곳니가 없다. 위가 강건한 것도 아니요, 동물의 고기처럼 부담스러운 음식물을 소화하고 흡수할 만큼 장기의 열이 높지도 않다. 오히려 자연은 우리에게 고르게 생긴 치아, 작은 입, 무른 혀, 소화력이 떨어지는 장기를 주어 육식에 걸맞지 않게 하였다.

그러나 여러분이 육식을 하게끔 타고났노라 끝내 주장한다면 늑대처럼, 곰처럼, 사자처럼 아무 도구 없이 여러분의 손으로 직접 동물을 도살하고 날것 그대로 먹기를 바란다. 아무도 동물의 고기를, 이미 죽은 동물일지라도, 그런 식으로 먹지는 않는다. 인간은 불을 이용해 고기를 굽거나 삶고 이런저런 양념과 독성을 제거하는 성분으로 처리를 해야만 이토록 낯선 음식도 거부감 없이 먹을 수 있다.*

* 플루타르코스, 『에세이』

계몽주의 시대에도 철학자 장자크 루소는 육식이 불필요하다는 이유로 거부하고 채식주의를 옹호했어요. 생명체와 타자를 존중한다면 동물도 존중하는 것이 논리적으로 마땅하니까요.

내가 나와 같은 인간에게 어떤 해도 끼쳐서는 안 된다면 그것은 인간이 추론 능력이 있는 존재라서가 아니라 감각 능력이 있는 존재이기 때문입니다. 그런데 감각 능력은 인간과 동물에게 공통된 것입니다. 따라서 적어도 어느 한쪽이 다른 쪽에게 쓸데없이 학대받지 않을 권리가 있어요.

Chap. 8
나비의 교훈

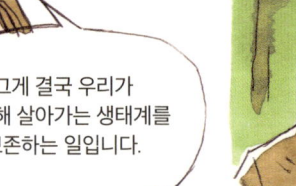

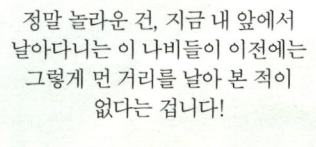

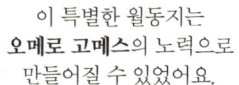
이 특별한 월동지는 **오메로 고메스**의 노력으로 만들어질 수 있었어요.

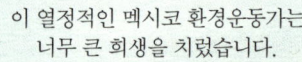
이 열정적인 멕시코 환경운동가는 너무 큰 희생을 치렀습니다.

2020년 1월 14일, 오메로 고메스의 시신이 우물에서 발견됐어요.

그는 살해당했는데 수사는 진척이 없습니다.

오메로의 동생 아마도

환경을 보호하려고 노력한 투사들이 얼마나 여러 명 살해당했는지 몰라요.

다들 뭔가 본 것이 있어도 보복이 두려워 입을 다물어요.

오메로의 아내 레베카

나비를 위한 투쟁은 숲을 지키기 위한 투쟁이기도 했어요. 그이는 사람들이 나무를 함부로 베지 못하게 하려고 싸웠어요.

Chap. 9
세상의 쓰레기통

인류가 제 발에 총을 쏘고 있다는 증거를 보여 주는
장소를 지구상에서 한 군데만 고르라면,
나는 이곳을 선택할 겁니다.

매초 250킬로그램의 플라스틱 쓰레기가 대양으로 흘러 들어가고 있습니다.

쓰레기 월드

미국과 일본 사이에서 떠다니는 가장 큰 쓰레기 소용돌이는 면적이 160만 제곱킬로미터나 됩니다. 프랑스 국토의 세 배 크기예요.

오스트레일리아 국립 과학협회의 보고에 따르면 2050년에 바닷새의 99퍼센트는 체내에 플라스틱이 있을 거라는군요.

한편, 세계자연기금(WWF)의 분석에 따르면 지중해에 사는 참고래들의 피부와 체내에서 프탈레이트가 검출되는 비율이 이미 100퍼센트예요.

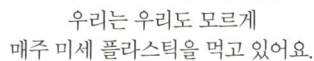

우리는 우리도 모르게 매주 미세 플라스틱을 먹고 있어요.

프탈레이트는 플라스틱의 가소성을 높이기 위해 쓰이는 화학물질입니다.

플라스틱이 미세 플라스틱으로 분해되기 전까지는 기적의 물질이라고 해도 좋을 만큼 요긴하지요.

육안으로 보이지 않는 프탈레이트가 먹이사슬 전체를 오염시킵니다. 가장 상위에 있는 고래나 인간에 이르기까지요.

맛있게 드세요!

생태학은 일상에서 우리에게 불쑥불쑥 다가옵니다.
길가에 널브러진 쓰레기, 택지 조성을 위해 베어 낸 나무들,
출근길 자동차들이 뿜어내는 배기가스,
멀지 않은 곳에서 시커먼 연기를 토해 내는 공장….

북극이 우리가 사는 곳에서 아주 멀다고 생각할지도 몰라요.
하지만 북극이 우리 삶에 미치는 영향은
이미 생생한 현실입니다.

Chap. 10
무너져 가는 북부 전선

빙하라고 해서 다 같은 빙하가 아닙니다. 빙하는 크기와 특성에 따라 크게 네 종류로 나뉘어요.

알프스형 빙하 혹은 곡빙하

산, 계곡, 권곡(圈谷)*에 형성된 빙하, 혹은 (빙하의 일부가 바다와 접하는) 조수빙하를 가리키며 크기는 보통입니다. 이 유형의 빙하 가운데 프랑스인들에게 가장 친숙한 것으로는 몽블랑의 메르 드 글라스 빙하, 아르장티에르 빙하가 있어요.

*권곡(cirque): 빙하로 생긴 반원상의 오목한 지형.

빙원(氷原)

여러 개의 곡빙하가 연결되어 들판처럼 넓게 펼쳐진 지역이에요. 파타고니아, 히말라야, 미국 로키산맥, 스발바르에서 이러한 빙원을 볼 수 있어요.

빙모(氷帽)

대륙빙하보다는 작지만 광범위한 빙하지대를 이루고 있는 경우를 말합니다. 가장 유명한 아이슬란드 바트나이외퀴틀 빙모의 면적은 8300제곱킬로미터로 코르시카 섬의 면적과 맞먹어요.

대륙빙하(혹은 빙상)

대륙빙하는 면적이 수만 제곱킬로미터에 달하고 두께도 수천 미터나 돼요. 이 정도의 빙하는 지구에서 딱 두 군데, 바로 극지방에서만 볼 수 있지요. 북극의 그린란드 빙하, 그리고 남극 빙하가 있어요. 대륙빙하는 기후 조절에 아주 중요해요. 이 흰색의 넓은 지대가 태양광선을 반사해서 지구의 열을 식히는 역할을 하기 때문입니다. 이처럼 행성이 태양광선을 반사하는 비율 혹은 현상을 '알베도'라고 해요.

빙하의 후퇴로 새로운 무역로가 생기기도 했어요. 그게 바로 북서항로(Northwest Passage)입니다. 이 좁은 통로를 컨테이너선과 유조선이 통과하면 그나마 남아 있는 유빙들이 약해지고 고래들이 몸살을 앓는 것 외에도 선박이 난파될 위험이 높아집니다. 게다가 북극해의 제거할 수도 없는 기름띠는 그야말로 재앙이지요.

2019년에 과학자들은 캐나다 북극해 섬들의 영구동토*가 녹기 시작했다는 것을 알았습니다. 영구동토가 녹으면 수천 년 동안 그 안에 얼어붙어 있던 유기물들이 녹아서 분해되기 시작하고 이산화탄소나 메탄을 배출할 거예요. 천문학적인 양의 온실가스가 대기에 풀려나 지구온난화를 가속화하겠지요. 과학자들은 북반구의 영구동토에 인간이 산업 시대 이래로 배출한 것보다 더 많은 탄소가 저장되어 있을 것으로 추정합니다.

위기에 처한 동물들

*영구동토(permafrost) 혹은 영구빙토(pergelisol)는 항상 얼어 있는 땅을 뜻한다. 캐나다, 러시아, 그린란드, 그 외 북극에 가까운 여러 나라의 상당한 면적이 영구동토이고 장소에 따라서는 깊이도 수백 미터나 된다.

Chap. 11
토지의 황폐화

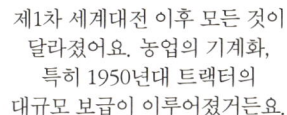

1946년에는 10명의 농민이 55명 분의 식량을 생산했는데 1975년에는 260명을 먹여 살릴 수 있을 만큼 생산성이 높아졌어요. 농업 기계화는 농촌 인구를 대폭 감소시키고 이농 현상에 박차를 가했지요.

농업은 근본적으로 변했어요.

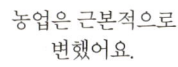

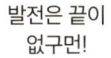

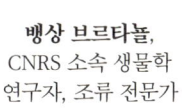

맹목적 수익성 추구가 불러온 해로운 결과의 예는 얼마든지 들 수 있어요.

물 부족 국가에서 옥수수를 키울 때는 한여름에 관개 호스로 물을 뿌려 줘야 해요. 옥수수는 주로 가축 사료와 식품 가공업에 쓰여요.

브르타뉴 연안은 인간과 동물에게 유해한 독성 조류에 오염되어 있어요. 이 오염의 원인은 기업형 양돈업자들의 폐기물입니다.

경작자들과 연안 주민들은 농약의 발암 성분에 노출되어 있습니다.

질소 비료의 대량 사용, 지나치게 땅을 깊이 가는 경작 방식, 생울타리의 파괴는 토양 침식을 가속화하고 땅의 생물 다양성을 제거해 결과적으로 땅을 척박하게 만들었어요.

팬데믹으로 봉쇄된 기간에
우리는 미래의 세상을
꿈꾸었지요.
방향을 바꾼 세상을,
우리가 이성을 되찾은 세상을.

Chap. 12

희망을 간직하면서

*로카보어(locavore): 지역에서 생산되는 식재료를 즐기는 사람들.

*Not On Our Watch: 2007년 조지 클루니, 맷 데이먼, 브래드 피트 등 할리우드 배우와 인권 운동가들이 설립한 비영리단체.

새옷을 가급적 덜 사기로 해요.

"나한테 딱 맞겠어, 잘됐다!"

동물을 착취하는 활동을 하지도 말고 소비하지도 맙시다.

선출 공무원과 정부에게 환경을 고려한 의사결정을 요구하세요. 아무 조치도 취하지 않거나 미봉책으로 일관하는 정치인들에게는 표를 던지지 마세요.

직장에서 중요한 위치를 차지하고 있다면 의사결정이 환경에 미치는 영향을 고려해 주세요.

"경영진이 생각을 바꿨답니다. 상가 건설을 포기하고 귀여운 개구리들이 사는 늪을 보존하기로 했대요."

자연과 동물을 보호하는 단체에 가입해서 우리의 시간이나 후원금을 내어 줍시다.

"이게 전부가 아닙니다. 몇 가지 단서를 제시한 것뿐이지요. 게다가 한꺼번에 모든 행동을 실천에 옮길 수도 없습니다."

"나 자신도 흠잡을 데 없이 실천하고 있는 건 아닙니다. 나 스스로 정한 규칙을 어길 때도 있어요."

"중요한 건, 과정이에요. 물론 승리한다는 보장은 없어요. 하지만 개인 혹은 집단으로서의 참여가 우리를 승리로 이끌 수 있습니다."

"우리는 모두 환경에 충격을 주면서 살아갑니다. 그 사실을 부끄러워할 필요는 없어요. 하지만 될 수 있는 대로 그 충격을 줄이려고 노력합시다."

뱅상 라발레크, 도미니크 메르무와 함께
이 책을 작업할 수 있어서 운이 좋았습니다.
뱅상은 이야기를 구성하는 재능으로, 도미니크는 톡톡 튀는 창의성과
근사한 그림으로 나의 모험을 생생하게 표현해 주었어요.
취재와 연구로 보낸 오랜 세월이 지나침이나 모자람 없이
딱 맞게 구체화하는 과정을 지켜보면서 큰 감동을 받았습니다.

나를 믿어 주고 하루하루 나의 프로젝트에 시간과 에너지를 할애해 준
편집자 다미앵 베르주레와 이자벨 사포르타,
그리고 파야르 출판사 대표님께도 감사를 드립니다.
파야르 출판사 편집부와 윈터 프로덕션 식구들,
특히 이 그래픽노블을 여러 번 읽고 소중한 의견을 준 클라라 드 보종,
레지스 라만나로다, 피에르 그랑주에게 감사합니다.

폭풍이 몰아칠 때나 고요하고 평화로운 때나 나와 함께하는 동지이자
내가 사랑하는 여성, 그리고 나의 두 딸 짐과 아바의 어머니이기도 한
알렉산드라 로젠펠드에게 고마움을 전합니다.

국내외에서 생명체의 바람직한 삶을 위해 투쟁하고
그 현장에서 우리를 맞아 준 모든 이에게 진심으로 고맙습니다.

마지막으로, 친애하는 독자 여러분,
오래전부터 어려움 속에서도 한결같은
신뢰와 지지를 보내 주서서 감사합니다.
이 탄탄한 끈이 언제까지나 우리를 연결해 주기를 바랍니다.

해제

남종영(환경저널리스트, 『동물권력』 저자)

우리는 인류가 지구의 물리·화학적 시스템에 개입해 시작된 새로운 지질시대인 '인류세'를 살고 있다. 1만 1700년 전 이후 지속된 홀로세의 평형이 깨졌다는 게 과학자들의 주장이다. 온실가스 농도가 불과 150년 만에 50퍼센트 이상 치솟아 420ppm에 이르렀고, 기상이변이 일상화하고, 홍수와 폭염, 산불이 흔한 세상이 되어 버렸다.

어디서부터 길을 잘못 들었을까? 증기기관의 발명, 석탄과 석유의 과용 그리고 플라스틱과 콘크리트 등 인공 물질의 생산, 숲의 훼손과 도시의 무분별한 확장 등이 거론되지만, 이들 원인은 한 지점에서 교차한다. 바로 인간이 자연을 바라보는 관점이 달라졌다는 것이다. 인류는 마치 다른 종들과 전쟁을 치르는 것 같다.

1989년생 프랑스의 젊은 저널리스트인 위고 클레망의 취재에 섬세하고 다채로운 그림을 입힌 이 책은 21세기 환경과 동물의 핵심 문제를 다룬다. 딸이 태어나고 생명의 귀중함을 경험한 저자는 서커스에 동원되는 동물들의 고통을 목격한 뒤, 인간 종과 다수의 생물 종이 세계대전을 치르고 있음을 깨닫고 여행을 떠난다. 21세기, 인간이 동물을 대하는 태도의 모순이 적나라하게 드러나는 이 핫스팟들은 우리가 어떤 질병을 겪고 있는지, 어떤 처방이 필요한지 깨닫게 해 주는 진리의 장소다.

책에서 가장 많은 분량으로 할애하는 것은 동물이다. 인류세에서 인간은 동물을 '분할 통치'한다. 동물 또한 기쁨과 슬픔, 고통을 느끼지만, 인간은 그들을 야생동물, 산업 동물, 반려동물 등으로 나누어 차별 대우한다. 개체마다 같은 생명의 값어치가 있는데도 말이다.

저자는 분할된 영역의 동물들을 성실하게 탐사한다. 산업 동물은 '최소 비용, 최대 생산'의 법칙 아래서 신속하게 몸을 불려 어른이 채 되지도 않을 때 밥상의 고기로 전락한다. 과거에 인류는 '고기' 그 자체를 위해 동물을 키우지 않았다. 노동력이나 계란이나 깃털 등 부산물이 용도였다.

야생동물은 절멸의 시대를 산다. 멕시코만에 사는 바키타는 멸종 위기종의 상징이다. 동아시아에서 한약재로 유통되는 물고기 '토토아바'를 잡기 위해 펼쳐 놓은 그물에 함께 걸려들어 가면서 이 멸종 위기종은 단 10마리밖에 남지 않았다.

야생동물 서식지를 보전하는 법 제도는 강력한 힘을 발휘하지 못한다. 이 책에 나오듯 프랑스의 사냥 현장과 마찬가지로 한국의 사냥꾼들도 멧돼지와 고라니를 향해 취미라는 이름의 총탄을 날린다. 개체 수가 늘어나 피해를 방지하기 위해서라는데, 이들의 포식자 혹은 경쟁자인 곰과 표범, 호랑이 같은 존재를 사라지게 한 것은 누구였는가?

제왕나비는 경이로운 곤충이다. 과학자들은 이 나비들이 어떻게 멕시코에서 미국과 캐나다 남부까지 길을 알고, 수세대를 거쳐 4,000킬로미터를 왕복하는지 이유를 알지 못한다. 수수께끼는 많은 작가와 예술가의 영감을 자극했고, 하잘것없는 곤충일지라도 인간과 다른 동식물, 숲이라는 생태계, 기후와 지구 시스템과 뫼비우스의 띠처럼 엮여 있다고 이들은 말한다. 제왕나비가 사는 숲을 아보카도 농장으로 개간하려는 세력에 대항하던 환경운동가 오메로 고메스의 죽음은 이 지점에서

굵은 글씨로 써 내려간 비문이다. 잊지 마시길! 우리는 아보카도와 함께 제왕나비와 그들이 사는 나무 그리고 숲을 먹는다는 사실을.

지구는 암석권, 대기권, 수권, 생물권 등 각 계의 구성원이 내·외부와 상호작용을 하는 총체다. 여기에 인간 활동의 결과물로 총칭할 수 있는 기술권을 추가할 수 있을 것이다. 지구는 '인간과 자연'의 단순한 이분법으로 나눌 수 없다. 인간을 중심으로 한 이런 이항 대립적 사고보다는 다수의 행위자를 상정하고 이들의 상호작용을 쫓는 시스템적, 총체적 사고가 이 책을 발전적으로 독해하는 데 도움이 된다.

'사치의 민주주의 시대'를 열었다고 할 만큼 현대인의 일상을 혁명적으로 바꾼 '값싼 마법의 재료' 플라스틱을 보자. 최초에 태양 에너지가 있었다. 에너지를 섭취해 몸을 키운 고대의 양치식물이 썩어 땅속에서 석탄이 되었다. 인간은 그것을 캐어 정제했고, 이 과정에서 일부는 온실가스로 배출되고 그 부산물로 플라스틱이 태어났다. 플라스틱은 잘게 부수어져 바다로 흘러가고 이를 먹은 물고기를 통해 인체에 들어온다. 남극에 내린 눈에서, 환자의 링겔병에서, 인간의 태반에서 미세 플라스틱이 검출된다. 우리 시대에는 이처럼 암석권, 기술권, 수권 및 대기권 그리고 생물권을 물질이 타고 흐르며 서로가 서로에게 역습을 가한다. 각 권역이 서로 기대던 '균형의 젠가'가 무너졌다. 플라스틱으로 넘쳐나는 인도네시아 레콕의 쓰레기장에서 저자는 말한다. "인류가 제 발에 총을 쏘고 있다는 증거를 보여 주는 장소를 고르라면, 나는 이곳을 선택할 겁니다."

그 위험성에 대해 제대로 환기되지 않은 단일경작 농업 또한 저자는 다룬다. 여러 작물을 섞거나 번갈아 심고, 땅심을 북돋기 위해 휴경기를 두고, 가축에서 나온 거름을 주던 시절은 끝났다. 대신 단일 품종을 심고 유전자를 개량하고 질소비료와 기계를 도입하면서 농업의 생산량은 막대해졌다. 로컬 먹거리가 사라지고 글로벌 먹거리가 밥상을 채웠다. 농산물 가격이 싸지니 가축에 먹이기 시작했다. 육류 소비량이 늘어나 성인병이 일반화됐다. 밥상이 악순환에 빠졌다. 동물은 불행해졌다. 유전자 다양성이 축소된 농작물은 병충해에 취약해졌다.

세상은 왜 이렇게 헝클어졌을까? 모든 교란의 근원에는 "자기가 동물이 아니라고 생각하는 유일한 동물"인 인간이 다른 존재에 견줘 우월하다고 생각하는 데 있다. 나는 "행복하게 지내는 동물을 보니까 좋습니다"라고 한 전직 도축장 노동자 마우리시오의 한 마디에 실타래를 풀 힌트가 있다고 본다. 고통도 전염되지만, 행복도 전염된다. 고통에서 벗어난 동물의 평안한 얼굴, 고릴라 보전을 통해 효능감을 얻은 마을 주민들의 삶은 인류세의 세계대전에서 승리할 수 있다는 자신감을 퍼뜨린다. 이것이 바로 이 책의 장점이다. 종말론적 경고에 빠지지 않고 긍정적 실천이라면 아무리 작은 것이어도 지지하고 격려하는 이들이 책 속에 있다. 생물학자, 해양보전운동가, 로컬푸드 활동가, 전직 도축장 노동자 등 이들이야말로 인류세의 작은 영웅들이다.

위고 클레망 Hugo Clément

저널리스트, 환경운동가, 다큐멘터리 감독. 툴루즈 정치대학에 다니는 동안 프리랜서 기자로 활동하며 젊은 기자에게 수여하는 프랑수아 샬레상을 받았다. 릴 저널리즘 스쿨을 졸업한 후 프랑스 공영방송 '프랑스 2'에 기자로 입사했다. 2015년 샤를리 에브도 총격 사건의 범인 추격, 네팔 지진 등을 특종 보도했다. 2019년부터 프랑스 5에서 다큐멘터리 시리즈 〈전선에서Sur le Front〉를 제작 및 진행하고 있고, 2022년에는 환경 및 사회 문제를 다루는 온라인 탐사 매체 '바키타'를 만들었다. 『토끼는 당근을 먹지 않는다Les Lapins ne mangent pas de carottes』(2022), 『생태 전쟁 일지Journal de guerre écologique』(2020), 『나는 왜 동물을 먹지 않게 되었나Comment j'ai arrêté de manger les animaux)』(2019)를 썼다.

도미니크 메르무 Dominique Mermoux

만화가이자 일러스트레이터. 앙굴렘, 로잔, 시에르 국제 만화 페스티벌에서 '신인 작가상'을 수상했다. 『나무의 힘으로Par la force des arbres』(2023), 『행간Entre les lignes』(2022), 『응급실 이야기Les mille et une vies des urgences』(2017), 『호출L'Appel』(2016)의 작화를 담당했다.

뱅상 라발레크 Vincent Ravalec

시나리오 작가이자 감독, 제작자. 작가로서 『건달 송가Cantique de la racaille』(1994)로 플로르상을 받았고, 『악조건 속에서 살아남고자 애쓰는 딱한 노인의 속내Mémoires intimes d'un pauvre vieux essayant de survivre en milieu hostile』(2023), 『생트크루아데바슈Sainte-Croix-des-Vaches』 삼부작(2018-2020) 등을 썼다.

옮긴이 이세진

전문 번역가. 서강대학교와 동대학원에서 철학과 프랑스 문학을 공부했다. 『지속 불가능한 불평등』, 『기후정의선언』, 『아직 오지 않은 날들을 위하여』, 『우리에겐 논쟁이 필요하다』, 『도덕적 인간은 왜 나쁜 사회를 만드는가』, 『사피엔스의 뇌』, 『음악의 기쁨』, 『아노말리』, 『쇼팽을 찾아서』 등을 번역했다.

해설자 남종영

환경저널리스트이자 기후변화와동물연구소장. 2001년부터 2023년까지 한겨레신문에서 일했다. 영국 브리스틀대학에서 인간-동물 관계를 공부했다. 『다정한 거인』, 『동물권력』, 『북극곰은 걷고 싶다』, 『안녕하세요, 비인간 동물님들!』, 『잘 있어, 생선은 고마웠어』 등을 썼다.

최후의 바키타
멸종 위기 작은 돌고래가 보내는 공존의 메아리

초판 1쇄 발행 2025년 3월 25일

지은이	위고 클레망
그린이	도미니크 메르무, 뱅상 라발레크
옮긴이	이세진
해설자	남종영
디자이너	운용

펴낸이	박숙희
펴낸곳	메멘토
신고	2012년 2월 8일 제25100-2012-32호
주소	서울시 은평구 연서로26길 9-3(대조동) 301호
전화	070-8256-1543 팩스	0505-330-1543
전자우편	memento@mementopub.kr

ISBN   979-11-92099-41-5 (07490)

- 이 책의 내용 및 이미지를 일부라도 이용하려면 반드시 저작권자와 메멘토의 동의를 받아야 합니다.
- 파본은 구입하신 서점에서 바꿔 드립니다.
- 책값은 뒤표지에 있습니다.